气象主题研学实践学生手册

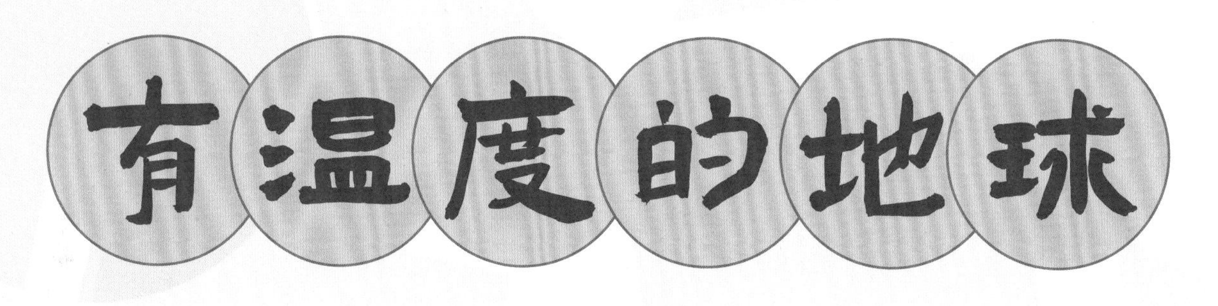

初中版

上海市气象局宣传科普与教育中心
慧玖（上海）教育科技有限公司 编著

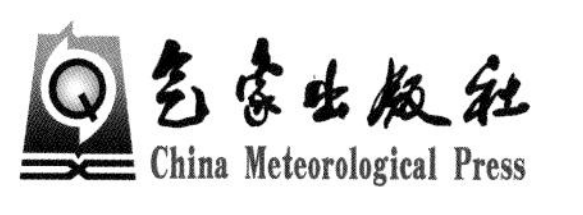

图书在版编目（CIP）数据

有温度的地球：初中版 / 上海市气象局宣传科普与教育中心，慧玖（上海）教育科技有限公司编著. —北京：气象出版社，2020.11
（气象主题研学实践学生手册）

ISBN 978-7-5029-7316-2

Ⅰ.①有… Ⅱ.①上… ②慧… Ⅲ.①气象学—教学实践—少儿读物 Ⅳ.①P4-33

中国版本图书馆 CIP 数据核字（2020）第 219024 号

有温度的地球（初中版）

You Wendu de Diqiu（Chuzhong Ban）

上海市气象局宣传科普与教育中心
慧玖（上海）教育科技有限公司 编著

出版发行：气象出版社
地　　址：北京市海淀区中关村南大街 46 号　　邮　　编：100081
电　　话：010-68407112（总编室）　010-68408042（发行部）
网　　址：http://www.qxcbs.com　　E-mail：qxcbs@cma.gov.cn
责任编辑：颜娇珑　邵　华　　终　　审：吴晓鹏
责任校对：张硕杰　　责任技编：赵相宁
封面设计：北京楠竹文化发展有限公司　　插画设计：姑射设计　俞　萃
印　　刷：天津新华印务有限公司
开　　本：889 mm × 1194 mm　1/24　　印　　张：1
字　　数：35 千字
版　　次：2020 年 11 月第 1 版　　印　　次：2020 年 11 月第 1 次印刷
定　　价：12.00 元

《有温度的地球（初中版）》

编委会

整书策划： 张　晖　　赵国新　　王丽娜

编写成员： 郑太年　　王丽娜　　徐　晨
徐　明　　郭志宏　　马建建

我们的研学之旅开始啦

学生信息

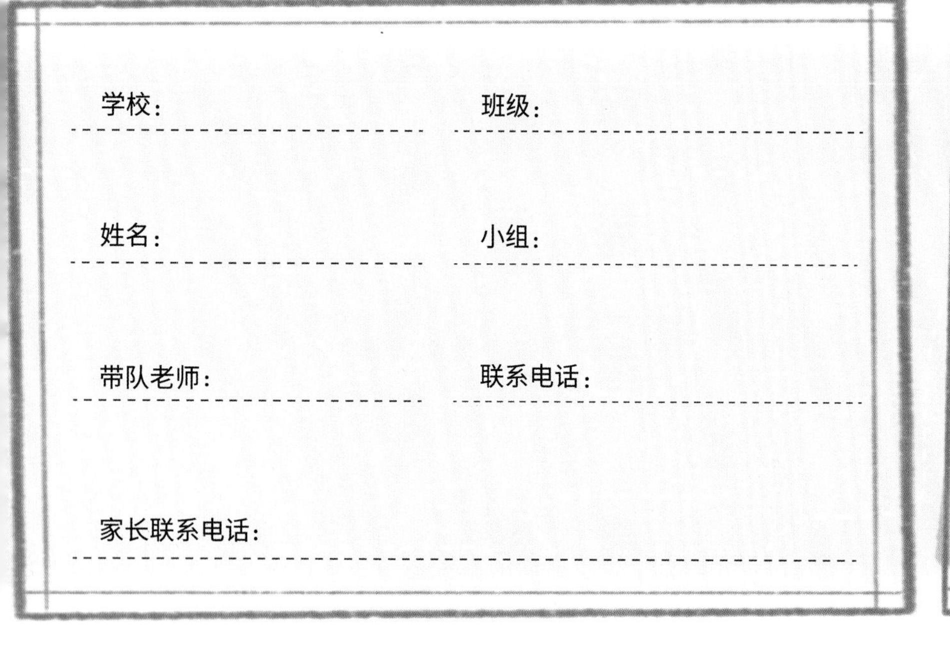

学校：________　班级：________

姓名：________　小组：________

带队老师：________　联系电话：________

家长联系电话：________

安全须知

遇到问题马上找带队老师！

1.出发前按老师要求认真检查物品。

2.遵守纪律，不迟到、不乱跑。

3.不乱摸乱画，不随意触碰展品。

4.不乱扔垃圾，吃剩下的食物和饮料放入垃圾桶。

5.上下楼梯不要拥挤。

6.外出要报告带队老师。

7.发现同组同学不在马上报告带队老师。

上海气象博物馆

上海气象博物馆（原徐家汇观象台）始建于1872年7月，为中国沿海第一座观象台，140多年来从未间断气象观测。徐家汇观象台被国际天文协会确认为标准时计处，曾于1926年、1933年2次参加国际经度联测，上海徐家汇连同美国的圣地亚哥和阿尔及利亚的阿尔及尔成为世界三大测量基准点。这座观象台大楼于1900年落成，属于古典罗马式建筑风格。2005年，上海市人民政府公布该建筑为市优秀历史建筑。上海气象博物馆展厅里的每一个角落都蕴藏着岁月的沉淀，各类古老的仪器设备，承载了岁月的痕迹，是中国近代气象科学发展历史的见证。

“世纪气候站”

世界气候组织授予徐家汇观象台国际“世纪气候站”证书，表彰其连续140余年收集的长序列气候资料，对世界气候组织全球系统和计划做出的突出贡献。

研究实践地图

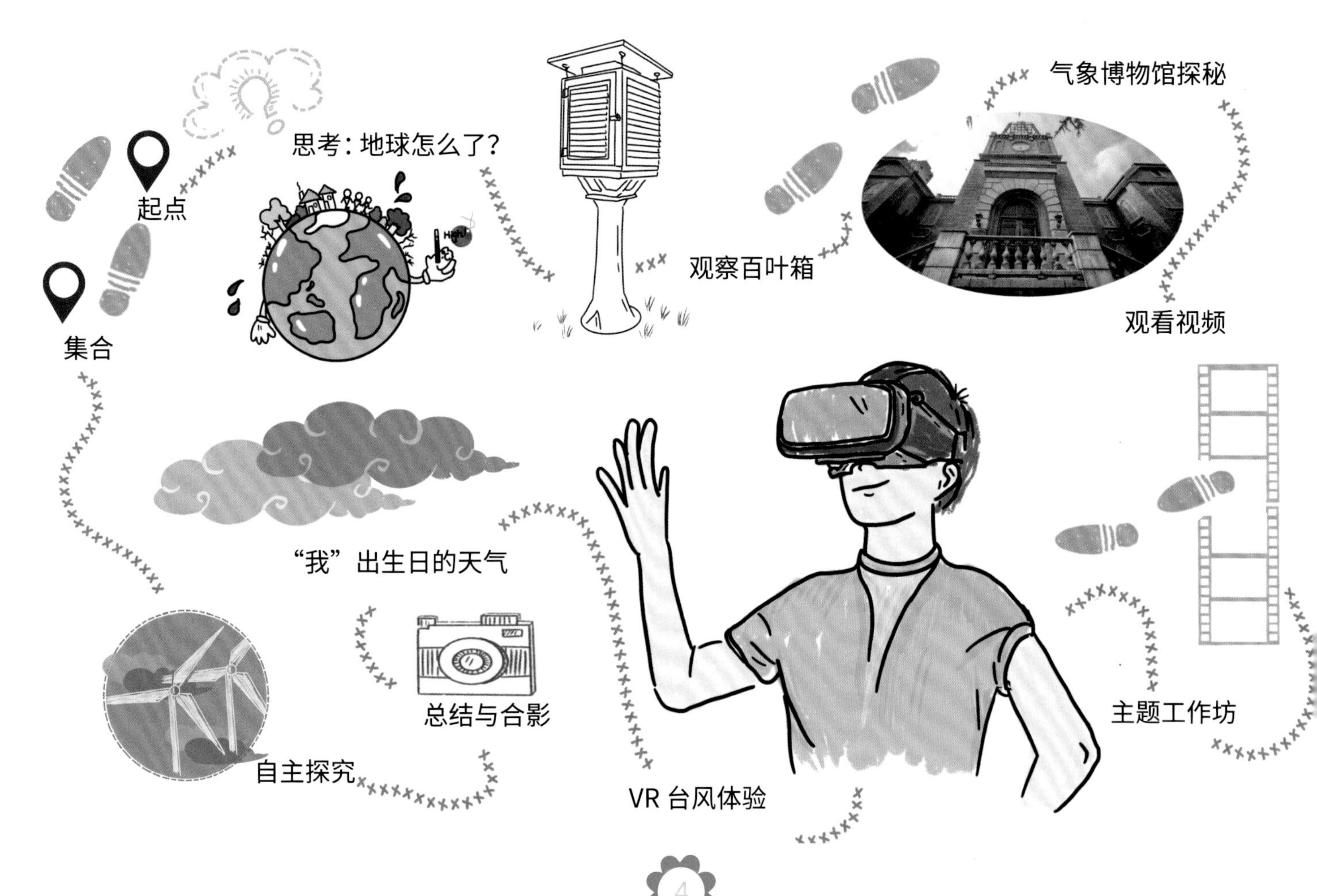
起点
集合
思考：地球怎么了？
观察百叶箱
气象博物馆探秘
观看视频
“我”出生日的天气
总结与合影
自主探究
VR 台风体验
主题工作坊

思考：地球怎么啦？

气象关系着我们每天的生活，
学习气象是认识大自然奥秘的途径，
从气候变化感受城市变迁，
了解城市发展的过去、现在与未来。

威尼斯水城被淹
北极出现红色的“雪”
冰川融化，北极熊溺亡，海平面上升
……
越来越多的极端气候事件出现，为什么？
地球怎么啦？

观察百叶箱

想一想：

寒暑亭和百叶箱的基本工作原理是什么？
气象计量科技的进步是如何体现的？

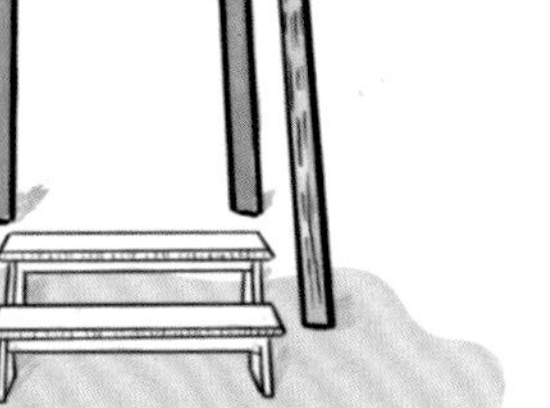

寒暑亭

百叶箱

寒暑亭是第一代百叶箱

气象博物馆探秘——32方位罗盘、船屋和外滩信号塔

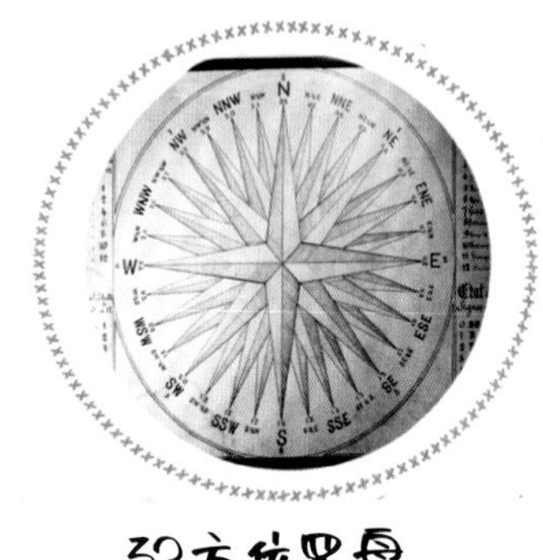

32方位罗盘

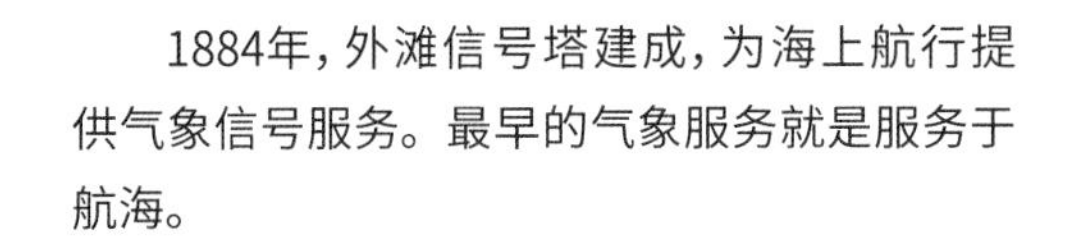

1884年，外滩信号塔建成，为海上航行提供气象信号服务。最早的气象服务就是服务于航海。

外滩信号塔

想一想：

气象学发展与航运业的关系是什么？

仔细观察，探索一下32方位罗盘的秘密吧！

气象博物馆探秘——馆藏百年气象仪器

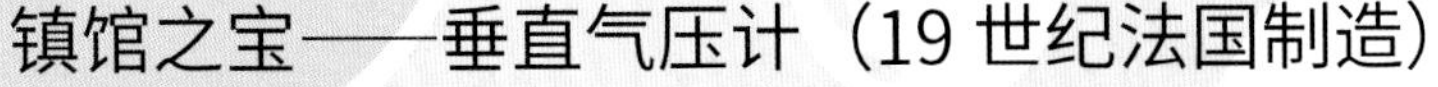

镇馆之宝——垂直气压计（19 世纪法国制造）

想一想：

为什么毛发可以成为湿度计的关键制作原料之一？气象测量仪器怎么体现科学与艺术的结合？

气象博物馆探秘——台风

台风眼

你可以试着手绘一下台风眼，感受一下台风的生成。

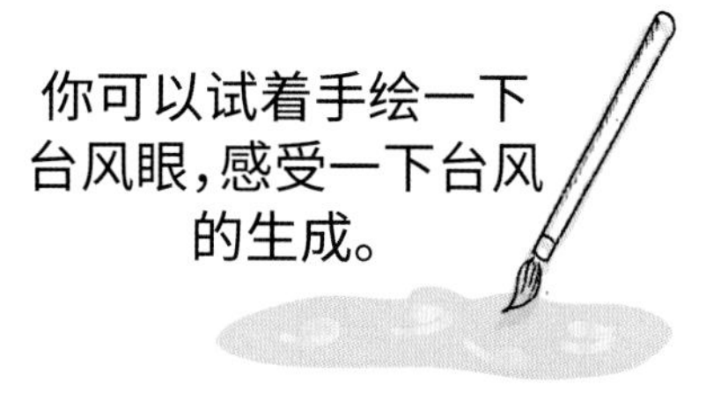

1879 年，徐家汇观象台首任台长能恩斯（1845—1923 年）发布了一次袭击上海的台风报告，著有《1879 年的台风》一书。在当时还没有卫星和飞机的情况下，他就根据台风相关知识以及自己的想象把这个台风眼给画了出来，并且和现在用卫星拍到的台风形态几乎一模一样！所以台风眼素描图也被称为上海市气象博物馆的“镇馆之宝”。

能恩斯台长

想一想：台风的形成原因是什么？台风对生产生活有什么影响？

气象博物馆探秘——地球在哭泣

想一想：

如果全球升温超过2 ℃，对环境及人类会有什么影响？

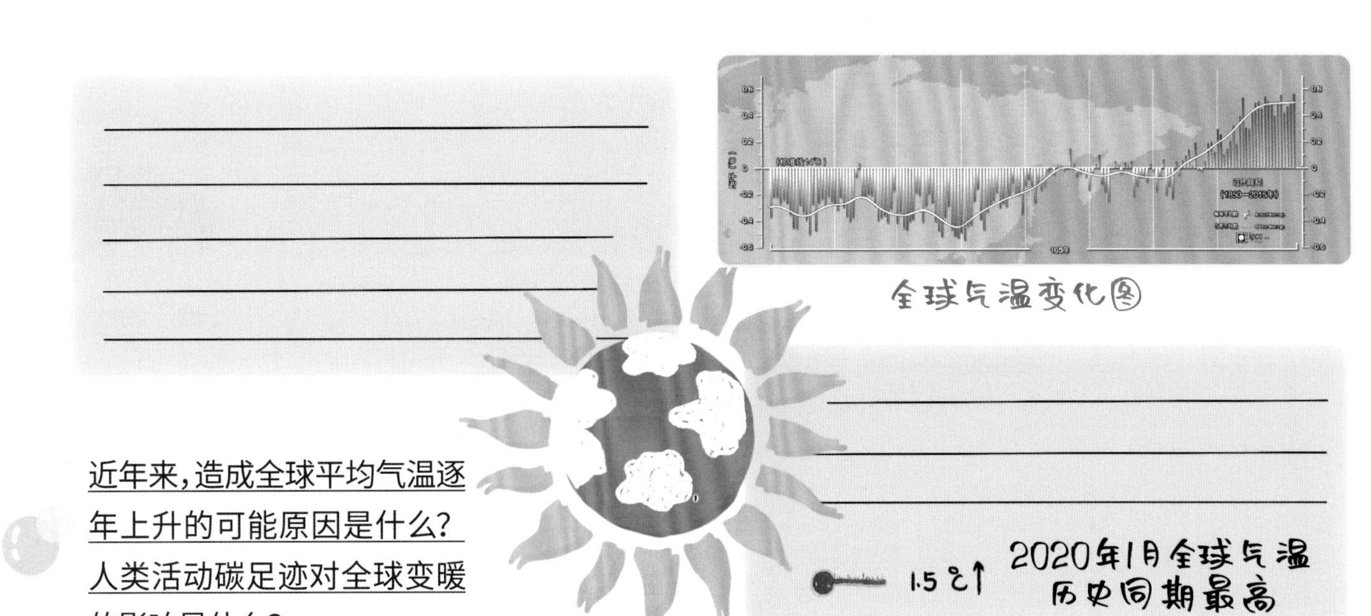

近年来，造成全球平均气温逐年上升的可能原因是什么？人类活动碳足迹对全球变暖的影响是什么？

气象播报员体验

你知道天气预报是如何制作出来的吗?

观看视频

背景资料：

2019年11月，意大利威尼斯经历了自1872年以来最危险的一周，整个水城被淹了个底朝天，遭遇“末日般的破坏”。有研究表明，随着全球气候变暖，威尼斯可能在未来几十年内被全部淹没，彻底消失。威尼斯的洪水已然退去，但美国阿拉斯加州沿海小镇基瓦利纳的水却无法退去。因海平面上升，这个小镇面积正不断缩减。到2025年，这里就会被海水淹没。

人类居住的城市，说淹就淹，说没就没？这一切的罪魁祸首或许都是气候变暖导致的南北极地区冰川大量融化。

这些冰川本来安静地“沉睡”在两极，雄壮美丽。但是，气温升高却让它们慢慢融化消逝。当冰川褪去，冰下的岛屿显露出来，北极的地貌正因此悄悄改变。

科学家警告称，北极圈中的格陵兰大片冰层的融化速度比预期快许多，在21世纪末，恐让全球数百万人面临洪灾风险……

想一想：

在全球变暖造成海平面上升的威胁中，上海与威尼斯这类沿海城市面对的共同危机是什么？

冰川融化改变了极地地貌，海平面上升让城市慢慢消失，栖息地被毁可能让小丑鱼从地球上灭绝……
全球变暖正悄悄地改变着地球的模样。

主题工作坊

美好的旅程即将结束，
这一天，你最大的收获是什么？
与你的同伴一起，
共同完成这项任务，
开放思考，团队协作，
一起共创成果！

赶快开始行动吧……

分组讨论，整理内容

VR台风体验

感受台风的破坏性并思考人类行为与台风活动的关系。

“我”出生的天气

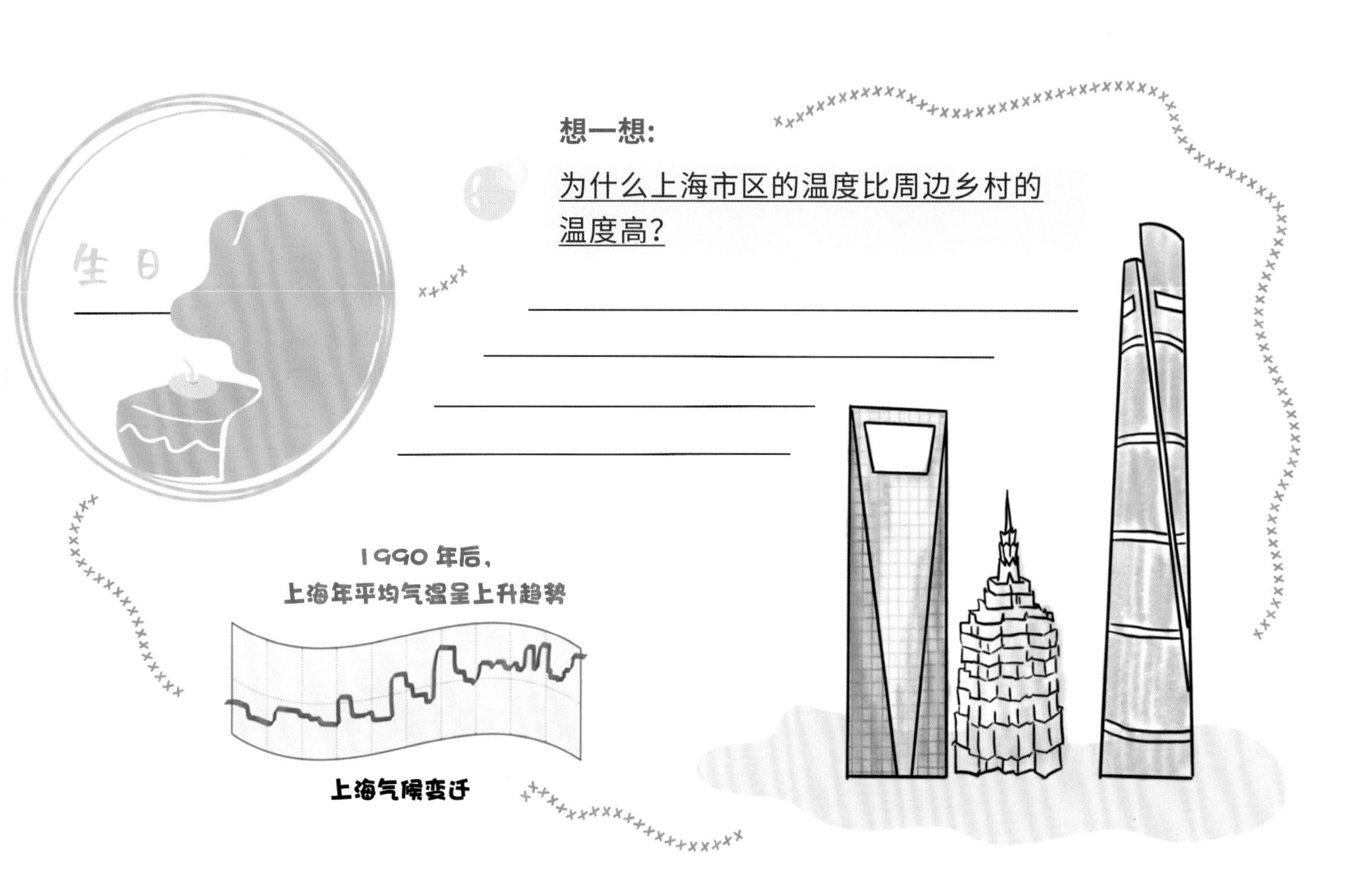

想一想：

为什么上海市区的温度比周边乡村的温度高？

研学总结

美妙的研学之旅，

欢笑与收获伴随着我成长。

合影集

自主探究：设计一个风力发电装置

思考：

要让风能转换成电能，需要怎样的条件？
风能发电的电量可能与哪些因素有关？
如果你是工程师，你会将风能发电厂建设在哪里？比如你知道的哪个省，或者某片区域，并说出为什么。

情感目标：

1. 我国大力发展风电事业，为节能减排、低碳环保做出的贡献。
2. 传统火力发电对环境的破坏，全球变暖问题带来的极端气候。

过程与方法目标：

1. 自主调查资料了解我国对风电等清洁能源的支持。
2. 自主设计风电装置，了解桨叶的多少、大小、形状，以及面风的角度等对风力发电效果的影响。

知识目标：

1. 各种形式的能量可以在一定条件下互相转化。
2. 风能与电能互相转换的原理（风能发电机的机械构造）。
3. 风能发电机桨叶的大小、形状、多少，风源与桨叶面的角度等因素与发电量间的定性关系。
4. 风电对我国实现低碳环保目标建设的作用。
5. 我国哪里有较多的风电场，为什么？

自我评价

·想象

在所见、所听之外有联想，喜欢在不同内容之间建立联系；喜欢提出问题，对于各种问题有自己的假设或想法

·知识

积极回忆和调用已有的相关知识，积极开拓新知识

·兴趣

饶有兴趣参与各种活动，主动思考和探索；在研学所提任务之外还会进一步学习和探索

·思维

对于所见、所听、所讨论的事情积极思考，勤于通过自己的思维进行论证或者推理

·工具

关注方法和技术方面的展品、主题或者内容，积极思考这些方法和技术在其他情境中的应用

手册简介

本研学手册适用于初中阶段学生，手册设计紧紧围绕：启发（Enlighten）、激励（Encourage）、赋能（Empower）“3E”宗旨和问题（Problem）、故事（Plot）、实践（Practice）“3P”研学实践课程实施路径，充分结合上海气象博物馆的馆藏资源和互动条件（如：人类历史长河中的气温变化、气象科技设备），紧扣“有温度的地球”这一主题展开。

手册内容开始就提出一个核心问题：“极端气候事件频发，地球怎么啦？”通过提出问题引发思考、参观过程中主动探索、动手操作、亲身体验、记录提炼与互动分享等形式，帮助学生们掌握一些气象的基本知识，直观了解到气象工作的方式和方法，体会到人类与自然界的共生关系，探究地球变暖的原因和应对措施。

本册的设计风格也充分考虑初中生的性格特点和情感需要，他们更加追求自我表达，所以设计风格采用没有标准模式的手账风格，可以充分发挥想象，展示个人创意。